Wilde Blumen

Blumen-Rätsel

Löwenzahn

Bei der Beschriftung des Weidenröschens wurden in jedem Wort zwei Buchstaben vertauscht. Kannst du sie wieder in die richtige Reihenfolge bringen? Schreibe die Begriffe auf die Linien!

Blütenstaub

Unter dem Mikroskop sieht man, dass die Pollenkörner von Wiesenschaumkraut, Löwenzahn, Weißklee und vielen anderen Pflanzen eine jeweils charakteristische Form haben. Wie viele verschiedene Pollenarten findest du hier? Schreibe die Lösung in das Kästchen!

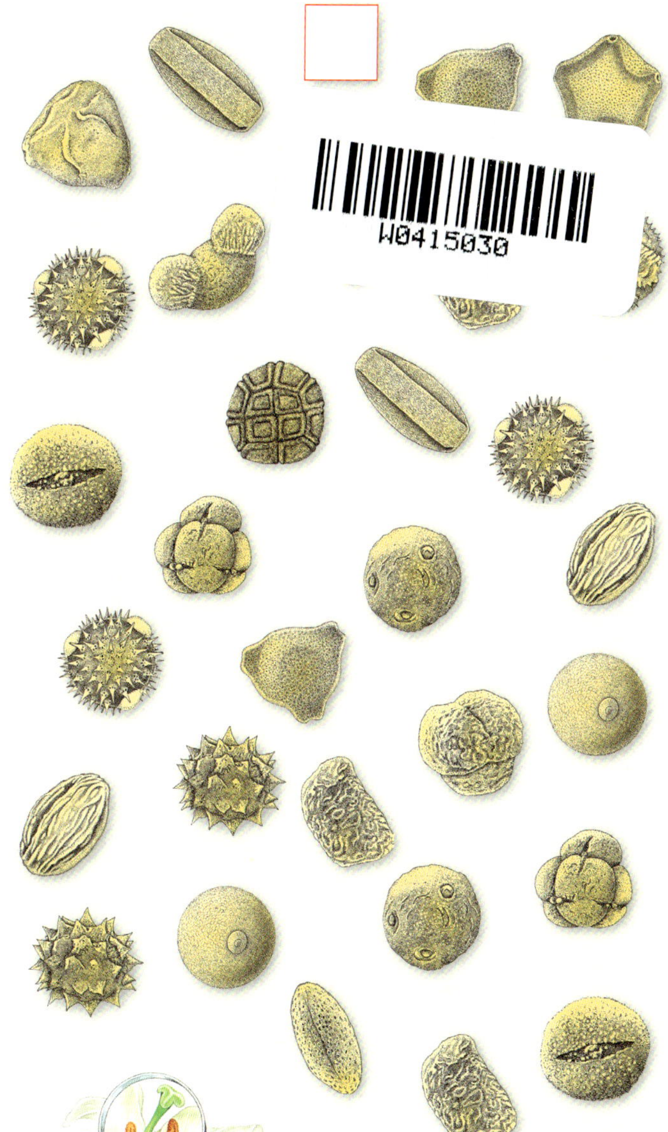

Unter der Lupe kann man den feinen Bau von Staubbeuteln und Narbe gut erkennen.

Pollen und Samen

Bilderpuzzle

Vier Bilder wurden zerschnitten. Zusammengesetzt zeigen sie jeweils einige „Möglichkeiten" der Pflanzen, ihre Samen und Pollen zu verbreiten. Manche Gewächse nutzen den Wind als Verteiler. Bei vielen Blütenpflanzen helfen Insekten bei der Verbreitung der Pollen, andere Gewächse locken Tiere mit Beeren, welche die Samen enthalten. Kletten haben Samen mit kleinen Widerhaken, die am Fell vorbeilaufender Tiere haften bleiben. Weißt du, welche Bildausschnitte zusammengehören? Trage die Buchstabenkombinationen in die Kästchen ein!

A

B

C

D

E

(1) Verbreitung durch Insekten:			
(2) Verbreitung durch Kletten:			
(3) Windbestäubung:			
(4) Verbreitung über Beeren:			

F
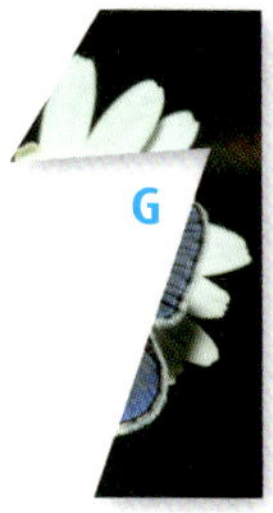
G

H

I

J

K

L

Buchstabensalat

Hier sind die Samen verschiedener Pflanzen abgebildet, allerdings wurden die Buchstaben durcheinandergewirbelt. Kannst du die Früchte- und Pflanzennamen trotzdem erkennen? Trage die Lösungen auf den Linien ein! Welche dieser Pflanzen enthalten Stoffe, die für Menschen giftig sind? Markiere sie mit einem Stift!

(1) NALUSSESH

H a s e l n u s s

(2) LOGEVBEREE

_ _ _ _ _ _ _ _ _ _

(3) IBEE

_ _ _ _

(4) WITNERILNDE

_ _ _ _ _ _ _ _ _ _ _

(5) HÄGNEBRIKE

_ _ _ _ _ _ _ _ _ _

(6) RIKEFE

_ _ _ _ _ _

(7) OHLUDNER

_ _ _ _ _ _ _ _

(8) TEIFCH

_ _ _ _ _ _

(9) PAFFECHNFTÜHEN

_ _ _ _ _ _ _ _ _ _ _ _ _ _

In Hecken und Büschen

○ Wahr oder ○ gemogelt?

Zwischen den Stacheln von Igeln sitzen oft viele Milben, Flöhe und andere schmarotzende Insekten. Da Igel sich nicht zwischen den Stacheln putzen können, haben sie einen Trick entwickelt, um diese Plagegeister loszuwerden: Sie gehen tauchen. In den Hohlräumen der Hornstacheln ist viel Luft gespeichert, sodass die Vierbeiner mehrere Minuten unter Wasser bleiben können. Wenn alle Insekten herausgespült sind, tauchen die Igel wieder auf.

Wahr oder gemogelt? Kreuze die richtige Lösung an!

Logikrätsel

Eine Schnecke klettert einen zehn Meter hohen Baum hinauf. Sie schafft jeden Tag vier Meter, nachts gleitet sie jedoch wieder zwei Meter zurück. Wann hat sie die leckeren Blätter an der Spitze des Baumes erreicht? Schreibe die Lösung auf die Linie!

Schnecken bewegen sich nur sehr langsam fort.

Wildrosen-Rätsel

Trage die Bezeichnungen der gesuchten Bildelemente ein! Die Buchstaben in den nummerierten Kästchen verraten dir den lateinischen Namen dieser Wildrose. (ä = ae, ö = oe, ü = ue)

Lösung:

Leben am und im Boden

Quentins Bilderrätsel

Entdeckst du das kleine unvollständige Skelett im Bild? Zu welcher Tierart gehört es? Schreibe die Lösung auf die Linie! Und wo ist Quentin? Markiere ihn im Bild!

____

Geheim!

Jede Zahl entspricht einem Buchstaben im Alphabet: 1 steht für A und 26 für Z. Entschlüssle den Zahlencode und du erfährst die Namen der hier abgebildeten Lebewesen, die am Boden und in der Laubschicht leben oder aufwachsen. (ä = ae, ö = oe, ü = ue)

8·9·18·19·3·8·11·1·5·6·5·18

Hir

13·1·9·11·1·5·6·5·18

23·1·12·4·19·3·8·1·2·5

11·5·12·12·5·18·1·19·19·5·12·14

18·15·20·5 23·1·12·4·1·13·5·9·19·5

6·5·12·4·7·18·9·12·12·5

6·12·15·18·6·12·9·5·7·5

19·20·18·5·9·6·5·14·23·1·14·26·5

① Borkenkäfer

②

③

④

⑤

⑥

⑦

⑧

⑨

Versteckt!

Wald und Bäume bieten vielen Arten Lebensraum, Nahrung und Jagdrevier. Folge den Pfeilen und finde die versteckten neun Baum- und Waldbewohner. Schreibe diese auf die Linien! Welches Gebirgstier haben wir dazugemogelt?

Mogeltier:

Baukünstler

Die Roten Waldameisen legen sich einen Vorrat an. Einige Arbeiterinnen sind bereits mit ihrer Beute am Eingang des Ameisenhügels angekommen. Kannst du ihnen helfen, die richtige Vorratskammer zu finden? Auf dem Weg dorthin dürfen sie keine Eier-, Larven- und Puppenkammern durchqueren! Auch viele andere Insekten und Tiere sind wahre Baukünstler. Entdeckst du ihre Nester und Bauten? Markiere sie im Bild!

Laub- und Nadelbäume

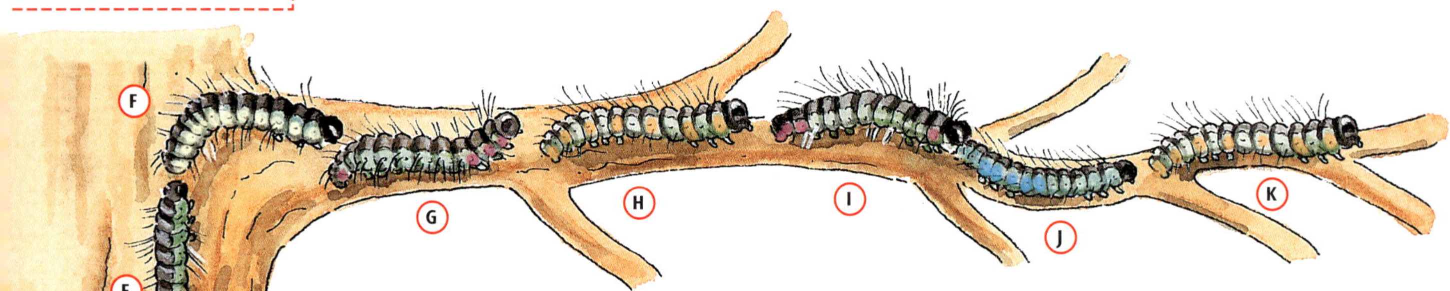

Doppelgänger

Die Raupen von Prozessionsspinnern wandern täglich im Gänsemarsch zu ihrem Futterplatz: Sie fressen gern saftige Nadeln oder Blätter in der Baumkrone. Welche beiden Raupen sind Zwillinge? Trage die passenden Buchstaben in die Kästchen ein!

☐ + ☐

Rinden-Rätsel

Weißt du, welche Rinde zu welchem Baum gehört? Trage die passenden Buchstaben in die Kästchen ein!

a b c

Birke: ☐ Fichte: ☐ Buche: ☐

Blätterwald

Im Winter werfen Laubbäume ihre Blätter ab, da sie während der kalten Zeit nicht genug Wasser aus dem Boden aufnehmen können. Bevor sie ihre Pracht verlieren, entziehen sie den Blättern jedoch alle wichtigen Nährstoffe, um diese zu speichern. Die Blätter färben sich gelb und rot und verwelken schließlich. Wie viele Linden-, Ahorn-, Buchen- und Eichenblätter zählst du hier? Trage die Lösungen unten ein!

Ahorn: ☐

Eiche: ☐

Linde: ☐

Buche: ☐

Im Wald

Wer ist wer?

Die Marone steht neben dem leuchtend gelben Pfifferling. Die beiden giftigen Pilze, Fliegen- und Knollenblätterpilz, sind weit voneinander entfernt. Einer von beiden steht links vom Steinpilz. Der kugelige Bovist hat nur einen weiß gefleckten, giftigen Nachbarn. Der Steinpilz steht nicht neben dem Pfifferling. Der Stiel des Birkenpilzes ähnelt seinem Namensgeber. Der rote Speitäubling hat zwei Pilze mit Röhrenschwamm als Nachbarn. Kannst du die Namen der Pilze auf die jeweiligen Linien schreiben?

(1) ____________ (2) ____________ (3) ____________ (4) ____________

(5) ____________ (6) ____________ (7) ____________ (8) ____________

Bilderquiz

Die Texte neben den Fotoausschnitten geben dir Hinweise darauf, welches Waldtier sich hier verbirgt. Erkennst du sie alle? Schreibe die Lösungen auf die Linien!

1. Er mag Honig besonders gern und ist mit seinem rauen Fell bestens vor Bienenstichen geschützt. In seinen Erdbauen leben große Familien zusammen.

____

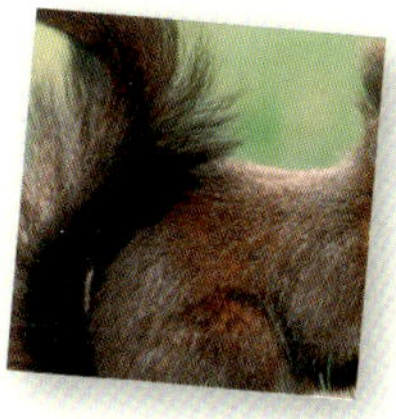

2. Die Jungen dieser Tierart müssen das Nüsseknacken erst lernen und brauchen anfangs viel Zeit dafür. Erwachsene Tiere öffnen bis zu 150 Kiefernzapfen pro Tag.

____

3. Im Sommer bilden mehrere Bachen mit ihren Frischlingen Rotten. Sie wühlen mit ihrer rüsselartigen Schnauze in der Erde nach Futter.

____

4. Manchmal sieht man sie in der Dämmerung auf Feldern und saftigen Wiesen äsen. Bei der Flucht leuchtet der helle Fellfleck unter dem Stummelschwanz.

____

5. Um sich von lästigen Parasiten zu befreien, nimmt er gern ein Bad in einem Ameisenhaufen. Er sammelt und vergräbt sein Futter, besonders Eicheln, im Boden.

____

6. In der herbstlichen Brunftzeit kann man sein Röhren weit durch den Wald schallen hören. Das Geweih fällt jedes Jahr ab und erneuert sich wieder.

____

7. Der schlanke Räuber geht nachts auf die Jagd. Besonders gern mag er Eier. Aus Neugierde nagt er aber auch Autokabel an.

____

Waldspaziergang

Ratekrimi

Theo, Tess und ich gingen zusammen mit einer Besuchergruppe und Förster Lang zu einer Erkundungstour in den Wald. Kurz zuvor hatte es geregnet und nicht alle aus unserer Gruppe hatten an gutes Schuhwerk gedacht. Frau Wollner ging den ganzen Weg vorsichtig auf ihren Stöckelschuhen, doch sie hielt gut mit. Frau Bertram musste allerdings immer wieder ihre Sandalen ausschütteln und bildete das Schlusslicht.

Förster Lang führte uns kreuz und quer durch das Unterholz und zeigte uns, wie viel Wasser in den weichen Moospolstern gespeichert ist und wie man auch ohne Sonne am Flechtenbewuchs der Bäume die Himmelsrichtung erkennen kann. Wir gingen durch Farnwälder und fanden Baumpilze. Die meisten Waldorchideen konnte man nur bei genauem Hinsehen entdecken, doch Förster Lang kannte alle versteckten Plätze und zeigte sie uns. Frau Graf und ihre beiden Patenkinder hopsten mit ihren Gummistiefeln fröhlich von Pfütze zu Pfütze und hatten eine Menge Spaß. Als sich Herr Kohl auf einer Lichtung hinkniete, um seine locker gewordenen Schnürsenkel zu binden, entdeckte er eine Schachbrettblume und rief uns alle zu sich. Ich hatte vorher noch nie eine karierte Blüte gesehen! Ein Stückchen weiter entdeckten wir in einem Bach Brunnenkresse. Unser Förster bestätigte, dass man sie essen kann, und die junge Frau Mattis zog sich schnell ihre Turnschuhe aus und watete hinein, um für uns alle eine Kostprobe zu holen.

Auf dem Rückweg kamen wir an der Lichtung vorbei, auf der uns Förster Lang einen seltenen Frauenschuh gezeigt hatte. „Oh nein!", rief Tess, die uns wieder einmal weit voraus war. „Jemand hat die geschützte Pflanze abgerissen!" Wir untersuchten den Platz. In einem weiten Umkreis sah man unsere Fußspuren, doch nur ein Abdruck befand sich direkt neben den Blüten. Förster Lang betrachtete ihn und wandte sich streng an ein Mitglied unserer Gruppe: „Sie müssen mit einer hohen Geldstrafe rechnen!"

Wer hat die Orchidee gepflückt? Schreibe die Lösung auf die Linie!

Lösung: ______________________

Rückzugsorte

In Deutschland leben Luchse nur noch in wenigen Schutzgebieten. Auch sie benötigen Rückzugsorte!

○ Wahr oder ○ gemogelt?

Weil der Grottenolm sein ganzes Leben in unterirdischen Flüssen und wassergefüllten Höhlen im Dunkeln verbringt, hat er keine Augen. Früher dachten die Menschen, die kleinen Albinos seien frisch geschlüpfte Drachenkinder. Wahr oder gemogelt? Kreuze die richtige Lösung an!

Scherzfrage

Du betrittst eine Höhle und hast nur noch ein Streichholz in der Schachtel. In der Höhle befinden sich ein Holzstoß, eine Laterne und eine Fackel. Was zündest du zuerst an? Schreibe die Lösung auf die Linie!

Punkträtsel

Fledermäuse senden hohe Schallsignale, so genannte Ultraschallwellen, aus, um sich im Dunkeln zu orientieren. Verbinde die Punkte von 1 bis 104 und du siehst, wo das Tier jagt! Schreibe die Lösung auf die Linie!

Tiere in der Nacht

Im Mondschein

In der Dämmerung begeben sich viele Tiere zur Ruhe, andere werden dagegen jetzt erst wach: Nachts kann man Eulen rufen, Igel schmatzen und Mäuse rascheln hören. Manche nachtaktiven Tiere haben große Augen, die jeden Lichtschimmer nutzen können. Andere orientieren sich mithilfe ihres ausgeprägten Geruchssinns in der Dunkelheit. Wir haben ein paar Tiere in das Bild gemogelt, die nicht hineingehören. Entdeckst du drei nachtaktive Tiere, die eigentlich nicht in Deutschland heimisch sind? Welche drei sind tagaktiv und sollten eigentlich schon schlafen? Und wo verbirgt sich Quentin? Markiere alles mit einem Stift!

Bäche und Flüsse

Silbenrätsel

Kannst du aus den folgenden Silben 14 Tierarten bilden, die in Europa rund um fließende und stehende Gewässer heimisch sind? Schreibe sie auf die Linien! Ein Tier haben wir dazugemogelt, das nur im Salzwasser lebt. Weißt du, welches?

~~bär~~ ben
ber Bi cher der Ein
Eis en er Feu Fisch flie floh
Fluss frosch ge gel gel Grau Hau
her krebs la Laub man nat ne ot
rei Rin sa See ser ser spin stern
Stock tags tau te ter
ter vo Was Was
~~Wasch~~

Waschbär

Mogeltier:

Gesucht!

Aus Zweigen und Ästen bauen sie Dämme und Wohnburgen. Manchmal stauen sie sogar Bäche zu Seen auf! Die Abbildung gibt dir einen Hinweis. Welches Tier wird hier gesucht? Trage die Lösung in die Kästchen ein!

Unter Wasser

Viele Fische haben eine Tarnfärbung: Ihr Rücken ist dunkel, sodass sie von oben gesehen mit dem Grund verschmelzen. Die Unterseite leuchtet oft silbrig wie die glitzernde Wasseroberfläche. Hier verbergen sich 18 Süßwasserfischarten, die in Teichen, Seen, Bächen und Flüssen bei uns leben. Markiere sie mit einem Stift!

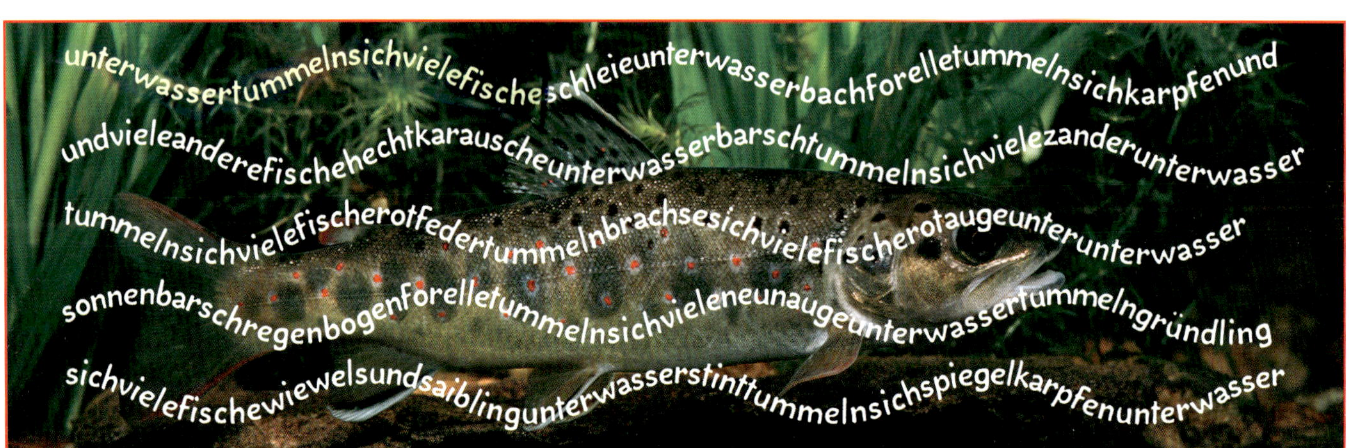

Mosaik

Die Bildausschnitte gehören zu einem Lebewesen, das rückwärts fliegen kann und durch 30 000 Facettenaugen einen Rundumblick hat. Es kann seine Greifzangen zu einem Fangkorb formen und auf diese Weise Futter im Flug erbeuten. Das Tier verbringt bis zu drei Jahre als Larve unter Wasser und ein Jahr in der Luft. Wer ist gemeint? Trage die Lösung in die Kästchen ein!

Pflanzen-Quiz

Kennst du dich aus im Reich der Pflanzen? Kreuze jeweils die richtige Lösung an!

Schlangenwurz

Schwertlilie

Torfmoospolster

1. Welche dieser Blumen wird auch Schlangen- oder Drachenwurz genannt?
a) Schwanenblume
b) Sumpfcalla
c) Wasserlinse

2. Welche Moorpflanze ernährt sich von kleinen Insekten, die sie mit klebrigen Tröpfchen fängt?
a) Bleichmoos
b) Wollgras
c) Sonnentau

3. Wie nennt man die Blüten der Weiden?
a) Kätzchen
b) Pfötchen
c) Schühchen

4. „Entengrütze" bedeckt manchmal einen ganzen Weiher. Wie heißt diese Pflanze auch?
a) Vergissmeinnicht
b) Wasserpest
c) Wasserlinse

5. Wen locken Schwertlilien mit ihren gelben Blüten zum Bestäuben an?
a) Hummeln
b) Eintagsfliegen
c) Uferschwalben

6. Welche Pflanze wird gern gegessen?
a) Wasserlinse
b) Brunnenkresse
c) Rohrkolben

Entengrütze

Weidenblüte

7. Welche Blattformen würden in strömenden Gewässern bald zerreißen?
a) große, flache Blätter
b) schmale, lange Blätter
c) fasrige Blätter

8. Wo findet man weiche Torfmoospolster?
a) in felsigen Gegenden
b) an Bäumen
c) in Sumpfgebieten

9. Welche Baumart gedeiht gut in nasser, feuchter Erde am Ufer?
a) Birke
b) Weide
c) Tanne

Teiche und Tümpel

Labyrinth

Der kleine Frosch möchte von Blatt zu Blatt ans andere Ufer des Tümpels hüpfen. Aber nur unbeschädigte und unbewohnte Blätter ohne Seerosen tragen sein Gewicht. Findest du den Weg? Markiere ihn mit einem Stift!

Metamorphose

Bei der Paarung klammert sich das Froschmännchen am Rücken des Weibchens fest. Das Weibchen legt die Eier in großen Laichballen ab. Dann beginnt die Metamorphose, die große Veränderung im Leben jeden Frosches: In den Eiern wachsen die Embryonen heran, später schlüpfen aus ihnen die Kaulquappen. Diese entwickeln allmählich Schwanz und Hinterbeine. Schließlich werden die Kiemen durch Lungen ersetzt. Nach dem Landgang der Frösche bilden sich auch deren Schwänze zurück. Hier sind die Bilder der Verwandlung durcheinandergeraten. In der richtigen Reihenfolge verraten dir die Buchstaben eine weitere Amphibie!

An der Küste

3 A | 5 B | C 1 | B 7 | C 4

Meeresballett

Quallen haben filigrane, weiche Körper. Ihre Fangarme sind jedoch mit Nesselzellen besetzt. Deren Gift tötet Beute wie Plankton, Kleinkrebse und Fische. Welche Koordinaten haben die gesuchten Bildausschnitte? Trage sie in die Kästchen ein!

Küstenbewohner

Findest du die rechts abgebildeten Tiere jeweils einmal im Wasser und an Land? Markiere sie mit einem Stift! Wie viele Napfschnecken entdeckst du? Trage die richtige Zahl in das Kästchen ein! Aber Achtung: Verwechsle sie nicht mit den anderen Muscheln!

Luftakrobaten

Buchstabenklau

Hier fehlen alle Selbstlaute! Wenn du a, e, i, o und u an den richtigen Stellen einsetzt, erhältst du die Namen von zwölf Vogelarten. Schreibe die Begriffe auf die Linien!

KBTZ

Kiebitz

LSTR

LBTRS

BLSSHHN

SVGL

FRSCHNPF

KSTNSSCHWLB

WSSSTRCH

BCHSTLZ

KRMRN

SPRBR

GRGNS

Eieiei ...

Vögel bringen ihren Nachwuchs in Nestbauten auf die Welt. In Eiern mit einer festen, kalkhaltigen Schutzhülle entwickeln sich die Kleinen. Wie viele Küken sind in diesem Nest geschlüpft? Schreibe die Lösung in das Kästchen!

 :

○ Wahr oder ○ gemogelt?

Manche Vogelarten wie die Amseln haben eine kluge Taktik entwickelt, um Regenwürmer aus ihren unterirdischen Wohnröhren zu locken: Sie trampeln auf dem Boden herum und gaukeln den Würmern durch die kleinen Erschütterungen vor, dass es regnet. Um nicht in den Gängen zu ertrinken, kommen die Regenwürmer aus der Erde – und landen im Schnabel der schlauen Jäger. Wahr oder gemogelt? Kreuze die richtige Lösung an!

Vogel-Rätsel

Wie gut kennst du die heimischen Vogelarten?
Und wie viel weißt du über Vögel im Allgemeinen?
(ä = ae, ö = oe, ü = ue)

1

15

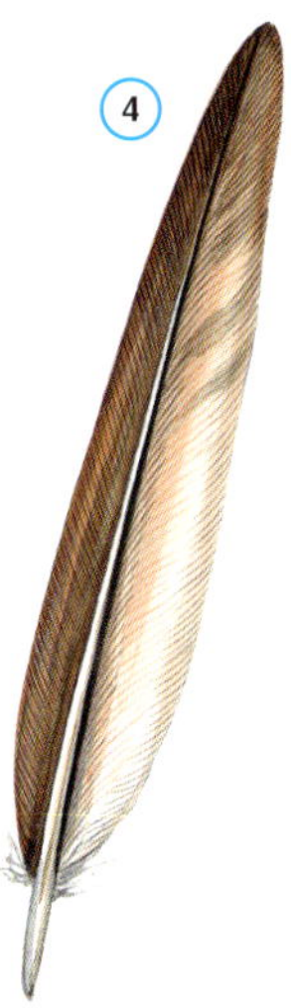

4

21

8

14

13

2 Vogeljunges
3 legt sein Ei in ein fremdes Nest
5 Anzahl der Vogelzehen
9 Spatz
10 Ihr Gesang erklingt oft in Feldern.
11 Vogellaut
12 nächtlicher Jäger
16 baut Nester aus Lehm
17 Federkleid
18 weiche, wärmende Federn
19 Material des Schnabels
20 Speiballen der Eulen
23 Der Legende nach bringt er Babys.
24 Federwechsel
25 Vogeljunge zeigen ihren roten Schlund, um Futter zu erbetteln.
26 Flügel

Vögel in Garten und Wald

Steckbriefe

Kennst du diese Garten- und Waldbewohner? Schreibe ihre Namen über das jeweilige Bild! Die Zahl im leeren Kästchen gibt an, welchen Buchstaben wir suchen. Schreibe diesen in das Kästchen! Wenn du die Buchstaben in der angegebenen Bildreihenfolge in die Kreise einträgst, erhältst du den Namen eines der weltweit größten Singvögel mit schwarzem Gefieder. (ä = ae, ö = oe, ü = ue)

1 2 3 4 5 6 7 8

Bis zu 25 Junge bekommen die Pärchen dieser bei uns häufigen Art. Das Weibchen brütet pro Jahr mehrmals, am liebsten in einer Baumhöhle.

Die Einzelgänger verteidigen ihr Revier heftig. In der Hoffnung Würmer und Käfer zu fangen, kommen sie im Garten oft sehr nahe heran.

Wenn sie stehen bleibt, wippt sie stetig mit ihrem Schwanz und sieht dadurch stets geschäftig aus. Sie fängt Insekten, vor allem am Wasser.

Im Winter kuscheln sich manchmal Dutzende der winzigen und mittlerweile seltenen Vögel zusammen in ein Nest, um sich vor dem Erfrieren zu schützen.

In ihrem Gesang imitieren sie gern auch andere Vogelarten oder menschliche Geräusche. Sie leben zumeist in großen Schwärmen.

Sie ernährt sich von Insekten, die sie im Flug fängt. Im Winter sammeln sich die Tiere in großen Schwärmen und ziehen nach Südafrika.

Das Federkleid der Männchen ist sehr bunt, die Weibchen sind bräunlich gefärbt. Mit ihren Schnäbeln knacken sie auch harte Samenhüllen.

Beim Klettern und Trommeln auf Bäumen dienen seine Schwanzfedern als Stütze. Ein „Stoßdämpfer" schützt vor Gehirnerschütterungen.

Tiere in der Stadt

○ Wahr oder ○ gemogelt?

Viele Tiere überwintern gern in Häusern oder Scheunen, da sie hier geschützte, warme Plätze finden. Auch Marienkäfer bilden manchmal große Gruppen und überwintern in Nischen auf dem Dachboden oder hinter lockeren Tapeten. Wahr oder gemogelt? Kreuze die richtige Lösung an!

Suchsel

Viele Tiere können sich erstaunlich gut an ihre Umgebung anpassen. Da der Mensch immer weiter in ihre Lebensräume vordringt, Wälder rodet und Flüsse begradigt, suchen sich einige ihre neue Heimat in Dörfern und Städten. Solche Tiere bezeichnet man auch als Kulturfolger. Findest du 19 von ihnen senkrecht, waagerecht und diagonal im Buchstabengitter?
(ä = ae, ö = oe, ü = ue)

X	Y	U	K	T	E	L	L	W	M	N	U	A	S	I	O	S	C	K	U	L	E
G	F	U	C	H	S	S	W	F	M	V	B	L	A	U	M	E	I	S	E	F	B
G	R	I	L	L	E	S	I	V	G	A	K	X	G	H	D	H	T	A	U	B	E
L	M	A	U	E	R	S	E	G	L	E	R	J	M	U	M	A	S	M	S	Q	T
M	O	T	T	E	G	A	S	Z	E	B	O	D	O	F	L	S	D	O	U	D	E
S	E	M	E	T	R	H	E	T	E	N	E	M	E	U	L	E	M	E	J	S	W
W	H	A	K	L	E	E	L	S	Q	U	T	W	H	R	R	O	P	W	Z	D	A
T	T	U	R	M	F	A	L	K	E	Z	E	E	I	K	E	R	E	E	F	G	H
Q	H	S	F	L	E	D	E	R	M	A	U	S	S	T	O	R	C	H	W	C	E

Ratten-Rätsel

Ratten sind sehr anpassungsfähig. Die klugen Nagetiere leben überall am Rand menschlicher Siedlungen. Wie viele Ratten entdeckst du im Bild? Schreibe die Zahl in das Kästchen!

Die vier Jahreszeiten

1

2

3

4
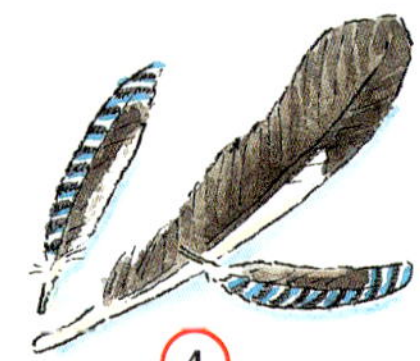

☐ Reh

☐ Hase

☐ Dachs

5

☐ Waldmaus

☐ Schnecke

☐ Eichelhäher

8
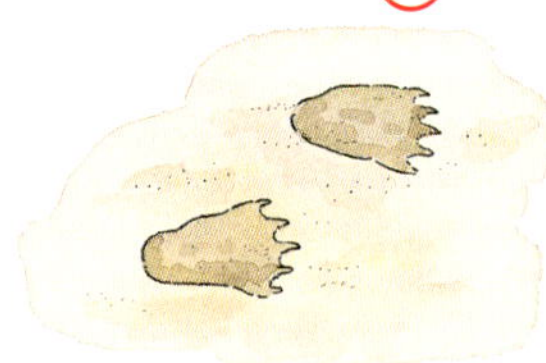

6

☐ Eichhörnchen

7
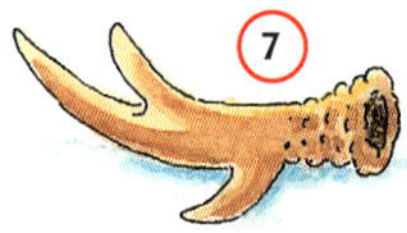

☐ Schmetterling

Spurensuche

In Frühling und Sommer kann man in Wäldern und auf Feldern viele Hinweise auf Wildtiere entdecken. Welche der Tiere haben diese Spuren hinterlassen? Trage die Zahlen in die entsprechenden Kästchen ein!

Natur-Rätsel

Auf den Seiten 22 und 23 findest du Fotos von Pflanzen, die für verschiedene Jahreszeiten typisch sind. Kennst du ihre Namen? Schreibe diese über das jeweilige Bild! (ä = ae, ö = oe, ü = ue) Die Zahlen in den Kästchen geben an, welche Buchstaben wir suchen. Trage diese in die Kästchen ein! Wenn du die Buchstaben in der angegebenen Bildreihenfolge von 1 bis 14 zusammensetzt, erhältst du das Lösungswort. Wir suchen den Namen der seltenen, geschützten Wiesenblume rechts im Bild. Eines der abgebildeten Lebewesen gehört nicht zu den Pflanzen, sondern bildet eine eigene Gruppe. Welches ist es?

| S | C | H | | | | | | | | | -
| | | | | |

1.

S 1 C 2 H 3

2.

☐ 2

3.

☐ 4

4.

☐ 6

Futterplatz

Kleine Vögel müssen jeden Tag Futter finden, um vor allem die kalten Winternächte zu überstehen. Mit Futterstellen kann man ihnen helfen. In dieses Bild haben wir allerdings vier Fehler gemogelt. Welche Tiere sieht man im Winter nicht? Und wo steckt Quentin? Markiere alle Lösungen im Bild!

Lösungen

S. 2

Quizfrage: Für 500 Gramm Honig müsste eine Biene circa 10 Millionen Rotkleeblüten anfliegen.

Doppelgänger:

Suchsel:

K	F	D	I	S	T	E	L	S	A	X	T	W	R	K	F	D	U	G	P	T
O	D	U	S	C	H	A	F	G	A	R	B	E	U	R	S	K	S	L	U	A
R	A	S	F	G	S	K	H	U	M	M	E	L	S	E	S	A	L	O	S	G
N	A	A	F	B	I	E	N	E	U	J	A	G	K	U	A	M	A	C	P	P
B	M	U	Z	U	M	K	F	T	O	K	U	R	T	Z	G	I	D	K	U	F
L	O	E	W	E	N	Z	A	H	N	E	G	I	E	S	H	L	M	E	K	A
U	R	R	B	G	K	A	W	R	Z	X	D	L	R	P	H	L	I	N	R	U
M	A	A	E	H	A	W	E	S	P	E	O	L	A	I	B	E	R	B	A	E
E	M	M	O	H	N	G	K	P	U	M	E	E	M	N	L	N	A	L	S	N
B	T	P	P	M	A	R	G	E	R	I	T	E	P	N	P	P	L	U	P	A
F	S	F	A	M	F	M	A	R	I	E	N	K	A	E	F	E	R	M	F	U
W	I	E	S	E	N	S	C	H	A	U	M	K	R	A	U	T	T	E	Z	G
R	B	R	S	C	H	W	A	L	B	E	N	S	C	H	W	A	N	Z	I	E
G	R	A	S	H	U	E	P	F	E	R	R	R	O	T	K	L	E	E	R	R

S. 3

Blumen-Rätsel: von oben nach unten: Knospe, Blüte, Samenkapsel, Samen, Stängel, Blatt, Wurzelwerk

Blütenstaub: Es sind 18 Pollenarten.

S. 4

Bilderpuzzle: 1) HAG, 2) BFL, 3) IEK, 4) DJC

Buchstabensalat: 1 Haselnuss, 2 Vogelbeere, 3 Eibe, 4 Winterlinde, 5 Hängebirke, 6 Kiefer, 7 Holunder, 8 Fichte, 9 Pfaffenhütchen

Die Vogelbeeren der Eberesche, Pfaffenhütchen und Eiben enthalten giftige Stoffe.

S. 5

Wahr oder gemogelt? Gemogelt. Igel können zwar schwimmen, aber nicht tauchen.

Logikrätsel: Nach vier Tagen erklettert die Schnecke die zehn Meter hohe Baumkrone, allerdings rutscht sie in der vierten Nacht wieder zwei Meter hinunter.

Wildrosen-Rätsel: von oben: Dorn, Knospe, Hummel, Blatt, Acker, Raupe, Bluete, Hagebutte, Wiese, Kaefer; Lösungswort: Rosa canina

S. 6

Quentins Bilderrätsel: Das Skelett ist das eines Vogels. Quentin verbirgt sich im Moos oberhalb des schwarz-gelben Schneckenhauses.

Geheim! Von links nach rechts: Hirschkaefer, Maikaefer, Waldschabe, Kellerasseln, Rote Waldameise, Feldgrille, Florfliege, Streifenwanze

S. 7

Versteckt! Borkenkäfer, Eichenwickler, Eichhörnchen, Mäusebussard, Abendsegler, Baummarder, Fledermaus, Blindschleiche, Gallwespe; Mogeltier: Murmeltier

Baukünstler:

grün/Insektennester v.l.n.r.: Feldwespe, Haselnussbohrer, Zweifarbige Mauerbiene, Erdhummel, Birkenblattroller, Schaumzikade, Sächsische Wespe;
rot/Nester anderer Tiere v.l.n.r.: Spinnennetz, Spechthöhle, Eichhörnchenkobel, 2 Vogelnester, Mäusenest

S. 8

Doppelgänger: H und K sind identisch.

Rinden-Rätsel: Birke: c, Fichte: a, Buche: b

Blätterwald: Ahorn: 3, Eiche: 5, Linde: 6, Buche: 6

S. 9

Wer ist wer? 1 Knollenblätterpilz, 2 Steinpilz, 3 Speitäubling, 4 Birkenpilz, 5 Pfifferling, 6 Marone, 7 Fliegenpilz, 8 Bovist

Bilderquiz: 1. Dachs, 2. Eichhörnchen, 3. Wildschwein, 4. Reh, 5. Eichelhäher, 6. Rothirsch, 7. Marder

S. 10

Ratekrimi: Die Fußspuren rund um die Blume verraten Frau Wollner.

S. 11

Wahr oder gemogelt? Wahr

Scherzfrage: das Streichholz

Punkträtsel:

Die Fledermaus jagt in einer Tropfsteinhöhle.